生活中的化学系列丛书

口罩防护知多少

王　勇　王红秋　主编

U0296460

石油工业出版社

内容提要

本书以广大群众热切关注的口罩为主题,分为基础篇、生产篇、使用篇和误区篇四部分,图文并茂、深入浅出地对口罩的相关知识进行详尽、科学、通俗的解释,为广大群众提供一份及时、权威的口罩使用指南。

本书适合社会大众阅读和参考。

图书在版编目(CIP)数据

口罩防护知多少 / 王勇,王红秋主编. —北京:
石油工业出版社,2020.5
(生活中的化学系列丛书)
ISBN 978-7-5183-3996-9

Ⅰ.①口… Ⅱ.①王… ②王… Ⅲ.①口罩—基本知识 Ⅳ.①TS941.724

中国版本图书馆CIP数据核字(2020)第072555号

出版发行:石油工业出版社
　　　　(北京安定门外安华里2区1号楼　100011)
　　　　网址:www.petropub.com
　　　　编辑部:(010)64243881　图书营销中心:(010)64523633
经　销:全国新华书店
印　刷:北京中石油彩色印刷有限责任公司

2020年5月第1版　2020年5月第1次印刷
889×1194毫米　开本:1/32　印张:3.375
字数:60千字

定价:48.00元
(如出现印装质量问题,我社图书营销中心负责调换)

《口罩防护知多少》
编委会

主　编： 王　勇　王红秋

副主编： 金勇哲　冷庆国　程显宝

成　员： 梁　刚　白雪曼　王巧然

马欣欣　庄　臣　慕彦君

杜　斌　高　嘉　黄文胜

姚振文　杨洪涛　韩　蕾

常　悦

前言

2020年初，一场突如其来的新型冠状病毒肺炎疫情打乱了所有地球人的正常生活。对！一点也不夸张——地球上所有人都受到了影响，区别只是影响的大小、早晚，以及影响的直接或间接。

在不知不觉中，人类被疫情卷入了一场空前的生命保卫战。谁曾预想到，在这场大战中，人们的防身利器居然是普通得不能再普通的口罩。

长久以来，三个终极问题一直困扰着西方哲学家——"我是谁？""从哪里来？""到哪里去？"

为了提高人们的防疫能力，疫情期间，编者尝试着系统地回答人们普遍关心的"口罩终极问题"——"口罩是什么？""口罩从哪里来？""口罩到哪里去？""口罩怎么使用？"，把晦涩的石油、化工专业知识通过轻松的语言和形象的漫画鲜活地呈现在读者面前。本书既可以作为一本趣味知识读物，也可以作为一本疫情防控参考手册。

那么，编者为何有信心担当如此重任？信心来自强大的后盾——来自石油石化相关单位为了口罩量产，不舍昼夜的奉献；来自中国石油经济技术研究院、石油化工研究院等单位扎实的科学理论基础和对海量信息的鉴别判断能力；来自石油工业出版社领导和编辑们的悉心指导。

相信广大读者读完此书后，不仅能增加茶余饭后的谈资，还能养成良好的卫生习惯，使小小的口罩成为健康"保护伞"。

在本书付梓之际，中国境内绝大多数省市新增确诊新型冠状病毒肺炎感染人数已连续数天为零，但是境外新增病例数量还在不断攀升。因此，经历过生死考验的口罩虽然完成了境内抗"疫"的阶段性使命，它的境外征程却刚刚起步。让我们借用毛泽东主席的《送瘟神》祝愿口罩在境外抗"疫"成功："借问瘟君欲何往，纸船明烛照天烧。"

随着中国对外抗"疫"援助力度的日益加大，中国口罩将成为"一带一路"倡议中构建人类命运共同体的使者和载体。

由于时间紧、任务重，以及编者水平有限，本书不足之处在所难免，敬请广大读者批评指正。

目录

第3篇 使用篇

第4篇 误区篇

第1篇

基础篇

　　一场猝不及防的新型冠状病毒肺炎疫情，让过往名不见经传的小小口罩在全球范围内一夜之间成为炙手可热的"时令奢侈品"。一边是紧俏的供给，一边是急迫的需求，"口罩"一跃霸占了2020年度最热门词汇的榜首席位，而关于口罩的前世今生和来龙去脉，也随即引得越来越多的人想一探究竟。

1.1　口罩的由来

1.1.1　东方宫廷的奢侈品

根据坊间流传，"口罩"一物的出现，最早可追溯到13世纪初的中国，也就是彼时咱们华夏民族的元代。在《马可·波罗游记》一书中，这位意大利旅行家记述了他生活在中国17年的见闻轶事，其中有一条写道：在元朝宫殿里，传菜的侍者们为了防止自己的气息传到皇帝的食物中，便用一种蚕丝与黄金线织成的面巾蒙住口鼻——这大概是最早的"口罩"雏形。

只可惜这个源于封建阶级日常起居的创新产品并没有能够成为中国古代发明创造界的一股清流，封建王朝

的深宫宅院没有给予它发扬光大的机会，以致直到19世纪才在医护领域出现口罩的身影。

1.1.2　西方医院的医疗品

带领口罩敲开医学大门的不是中国人，而是来自德国的病理学家莱德奇。在他的号召下，医护人员开始使用一种用六层纱布制作、缝在衣领上的罩具以防止细菌感染。但是，这种口罩需要用手一直按住，使用起来极其不便。因此，智慧的人类将其不断演化，经过英法两国医生不断地改良，最终形成了用带子系在耳后的口罩——就是咱们今天所看到的模样。

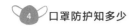

1.1.3 大众日常的生活品

接下来，口罩在西方国家开启了它的大众生活必备属性。1918—1920年，一场席卷全球的流感夺走了约5000万人的生命，也正是因为这样，原本作为医疗用品的口罩进入了普通民众的日常生活，成为抵御病毒的基础防护品。

随着时间的推移，口罩的大规模使用频次不断增加，在历次载入史册的大流感中，口罩都扮演着不可或缺的重要角色。而最让国人记忆深刻的，莫过于2003年那场肆虐亚洲的"非典"疫情，只是今天的我们，真的不想再重新揭开彼时口罩"一夜脱销"的伤疤了。

1.2 口罩的分类

了解过口罩的前世容和今生貌之后，接下来要说说口罩分门别类的那些花样。千万别小看这"犹抱琵琶半遮面"的小玩意，其业内门道着实不少：不仅从民用到医用全面覆盖，甚至连明星凹造型的时尚单品也能客串一把。

1.2.1 日常防护型口罩

一说到日常防护型口罩，就会让人联想到一个几年前与之休戚相关的热搜词汇——雾霾。彼时雾霾严重的时候，似乎戴口罩都成了一种潮流，戴上它，虽说不知道是否能够明明白白你的心，但至少能够清清亮亮你的肺。

此类口罩可根据抵御对象的不同，细分为防尘口罩和防毒口罩。顾名思义，防尘口罩专攻有害粉尘气溶胶，阻隔的是灰尘废气，对病毒细菌却无能为力；防毒口罩专攻有毒气体和放射性灰尘。

1.2.2　工业防尘口罩

相较于日常防护型口罩，此类口罩的专业度上升了一个等级。由于是面向高危作业人群打造的口罩，因此对粉尘浓度和毒性程度都有着相当严格的规定：在有害物浓度不超过10倍的职业接触限制环境内佩戴都是适合的，但一旦超出这个范围，就得套上更高级的防毒面罩或防护呼吸器才能力求自保。

这里需要引入一个最近曝光频率同样很高的词语，它就是"N95"。首先要科普的是，没加"医用"二字的N95口罩就是工业防尘口罩，美国更直白，直接称其为空气呼吸器。这种口罩带有出气孔，能够帮助佩戴者在有毒气体环境下往外排出自身产生的废气，所以并不适用于患病群体佩戴。只有将呼吸阀去掉，加上防水层并经过专业机构认证后，才可以称为医用N95口罩，就是后面要介绍的医用防护口罩。

这里的字母N代表的是美国标准，市面上也会见到KN、FFP和KF等字眼，分别代表中国标准、欧洲标准和韩国标准；后面标注的数字是指防护能力，以KN95/N95为例，能够过滤掉超过95%的非油性颗粒物；数字结尾如果带V，则表示有呼吸阀。以目前市面上常见的口罩等级来看，一个数学关系式即可解决口罩过滤能力的相关疑虑：FFP3＞FFP2=KF94＞N95=KN95＞KN90。

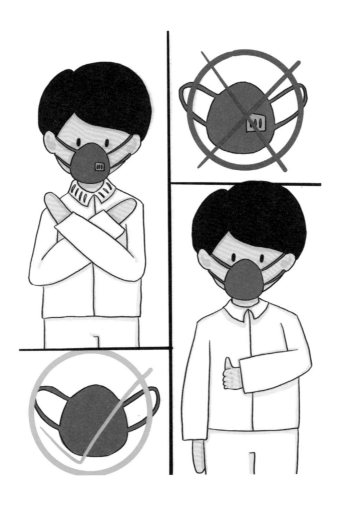

1.2.3 医用口罩

医用口罩可是这场抗疫之战中立下汗马功劳的重臣，因此这里必须浓墨重彩为其歌功颂德，只是不知道经历过这场全民抢购口罩的热潮，又有多少人能够清楚地区别出不同类别的医用口罩呢？相信此一问多半会引发接下来的一番质疑：什么？都已然纳入医用口罩范围了，难道还有细分门类？没错，如果不是分门别类如此详细，为什么进入隔离区的医护人员要戴医用N95口罩，而我们普通人去趟超市只需要戴个医用外科口罩就已然绰绰有余呢？

这里科普一个值得划横线的知识点：根据我国《医用口罩产品注册技术审查指导原则》，以产品的预期用途和适用范围为依据，一般将医用口罩分为一次性使用医用口罩、医用外科口罩和医用防护口罩。

（1）一次性使用医用口罩。

这类口罩的别名很多，如"一般医用口罩""普通医用口罩"等，可是别管它如何更名改姓，只要记住名称里没有"防护"或"外科"这样字眼的医用口罩就统统归为此类。此外，别看这类口罩名字挺长，实则它是医用口罩界防护等级最低的一类。它不要求对血液具有阻隔作用，也没有密合性要求，其佩戴仅限于不存在体液和喷溅风险的普通医疗环境下的卫生护理。如果将防护能力按等级划分，此类口罩就如同刚刚完成九年义务教育的初中生，拿着入门级的"YY/T 0969—2013《一次性使用医用口罩》"毕业证书，算是刚刚迈进了医用口罩圈。

一次性使用医用口罩

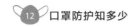
（2）医用外科口罩。

从初中生变成高中生，经过一番深造学习，在掌握了抗非油性颗粒（NaCl气溶胶）的技能并成功获得"YY 0469—2011《医用外科口罩》"毕业证书后，口罩敲开了手术室的大门，名字也改成了更为专业的医用外科口罩。考虑到手术室里经常需要操刀挥剪、血肉相见，因此这类口罩可以充分遮蔽住医务人员的口鼻部位，杜绝皮屑、呼吸道微生物传播到病人的手术创面上，同时也能有效阻止病人的体液向医务人员传播。

医用外科口罩

（3）医用防护口罩。

接下来出场的是医用口罩界的"高才生"——医用防护口罩。要被称作高才生可不是件容易的事儿：首先，进入象牙塔前学到的技能一个都不能少；其次，需要顺利取得"GB 19083—2010《医用防护口罩技术要求》"毕业证书；再者，需要加持阻隔飞沫、血液、体液、分泌物的强效技能；最后，还需要加持一系列血透性、表面抗湿性、阻燃性、吸气阻力、无出气阀门等附加本领。总之一句话，既然是能出入感染隔离禁区的医用防护口罩，就得有真才实学。

医用防护口罩

1.3 口罩的构成

搭建起口罩门类的框架后，接下来咱们做个解剖实验，拆一枚口罩，长一点知识。考虑到口罩的种类繁多，这里选择了出镜频率最高的一次性使用医用口罩和让人有些雾里看花的活性炭口罩来与各位坦诚相见。

1.3.1 一次性使用医用口罩的构成

在解剖口罩之前，请再次为这位"生当作人杰，死亦为鬼雄"的抗疫功臣无私奉献的精神报以热烈掌声！话说解剖这一次性使用医用口罩可不是什么神仙级操作，徒手就能大卸四块，注意，不是八块呦——因为它的构造实在是简单，只有熔喷无纺布、纺粘无纺布、口罩带和鼻夹四部分。不过，就像我们所知道的那样，武功的至高境界是"无招胜有招"，自然这能抵御病毒的抗疫功臣也是表面平凡无奇，实则内有乾坤。

一次性使用医用口罩分为三层，外层为纺粘无纺布，有防水作用，可防止飞沫进入口罩；中间层为熔喷无纺布，正是因为该层的存在，一次性使用医用口罩才练就了一身

"吸星大法"，空气中的尘埃、细菌或飞沫等在其复杂的结构中无规则运动，发生扩散、拦截、碰撞以及静电吸附而被滞留在纤维网中；内层也是纺粘无纺布，具有较好的亲肤性，主要用于吸湿，同时也防止咳嗽或者打喷嚏时向外喷射飞沫。

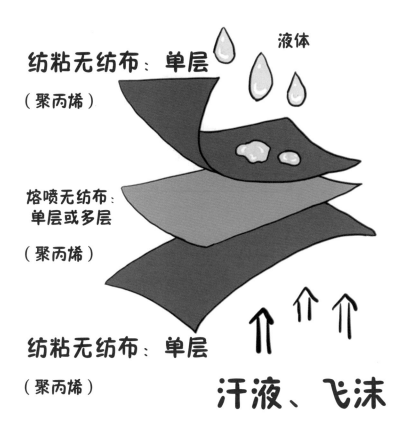

看似简单的几个部件一经组合，便打造出金钟罩般的防御体系。

1.3.2　活性炭口罩的构成

接下来要解剖的是一枚颇具迷惑性的口罩——活性炭口罩。首先要明确的是，这类口罩虽然听名字很高端，但它毕竟只是呼吸防护型口罩，对于抵御来势汹汹的新型冠状病毒实属力不从心，不过在口罩稀缺的当下也算是聊胜于无。

个中缘由自然得从它的内部结构来看：既然名字中有活

性炭，所以它的核心部位就是位于中部的一层高效吸附活性炭布。有了这层布，什么工业废气、有毒气体等也只能自挂其上了；这类口罩还在中层增加了一层超强过滤纸，在这张纸的洗礼下，特别微小的粉尘微颗粒也都只能望洋兴叹；除这两层特别的结构外，活性炭口罩的内外两层无纺布则分别具有耐酸耐碱和防潮防湿的功能。这四层再配上金属鼻夹和弹力挂绳，妥妥打造出了一台口罩界的"超级吸尘器"。

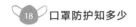

1.4　医用口罩的主要防护指标

　　既然不止一次说过医用口罩是此次抗疫之战的功臣，那接下来自然还得用更多的笔墨来解读它是如何成功踏入医用口罩圈门槛的。

纤维网

1.4.1　医用口罩的过滤原理

说到过滤原理，聚丙烯熔喷无纺布这一核心材料再度登台献艺。它是一种超细静电纤维布，借助静电的作用将粉尘和含有病毒的飞沫吸附，使其无法穿透口罩内层纺粘无纺布进而侵袭人们口鼻。这种聚丙烯形成的极细纤维织就的过滤网并非规律排列，而是像极了一团团解不开的丝线被杂乱无章地层层堆砌一样，不过，这自然是在显微镜下放大的视觉效果，倘若只是肉眼凡胎地瞧过去，任凭是火眼金睛也断然看不到这直径仅为微米级别的纤维。正是因为这些纤维布下的天罗地网，才使得想躲在空气中袭击人类的病毒只能曲曲折折地绕路前行，最终无所遁形地乖乖被吸附在网上。

将上述语言转换成专业说法，可以将聚丙烯纤维对颗粒的过滤途径归纳为扩散式过滤、拦截式过滤、惯性碰撞和静电吸引沉积四类。这里需要请出物理课代表重点讲解一下这四类途径的特点。

（1）扩散式过滤。

病毒、气溶胶在空气中是随意漂浮的，它的运动轨迹像是物理课本中讲到的分子布朗运动，任性随机，没人知道它的目的地在哪儿。因此，扩散式过滤就是针对这些小于0.1微米的颗粒，利用纤维网将其捕捉阻挡。

扩散式过滤

（2）拦截式过滤。

　　诸如小细菌这类0.1～1微米的小颗粒，可以在空气中随波逐流，藏匿于气流中借力窜动，它们只能由纤维硬碰硬地拦截，所以实验给出的结果显示这一类颗粒最难被阻击。

拦截式过滤

（3）惯性碰撞。

诸如飞沫等直径大于1微米的颗粒除了跟随气流飘动外，因为自身重量的原因还具备了惯性，所以即便急速刹车也会一股脑儿地撞在纤维上，大有一种撞了南墙回不了头的懊恼模样。

惯性碰撞

（4）静电吸引沉积。

　　除了上述机械阻挡作用外，医用口罩在空气中过滤过程还增加了静电吸附能力。静电驻极处理技术是提高熔喷无纺布过滤效率最常用也是最有效的方法。它可以通过电晕充电、光极化、热极化等加工方法使纤维带有静电荷，又利用熔喷无纺布中纤维的紧密结构，使纤维间形成大量电极。经静电驻极处理后的熔喷无纺布，在静电的作用下自动吸附空气中大部分微粒，可在不增加过滤阻力的情况下提高过滤效率。静电吸引沉积的感觉就像恋爱一样，一经过电，束手就擒。

静电吸引
沉积

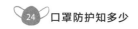

1.4.2　医用口罩的过滤效率

前文已经说过，医用口罩的核心材料为聚丙烯熔喷无纺布，所以这里说到的过滤效率，就是指这层熔喷无纺布的过滤水准。

根据美国材料与试验协会（ASTM）给出的定义，医用口罩的过滤效率以细菌过滤效率（BFE）和微细颗粒过滤效率（PFE）划分，前者属于远程架设炮，能将诸如飞沫、花粉这般直径大于3微米的粒子阻挡；后者则是近程精准射击，能将流感病毒这样直径0.1微米的粒子逐一击落；此外，兼具远近射击能力可将直径0.1～5微米粒子全部扫射的，便是具有更强防御效率的病毒过滤效率（VFE）。

当然，医用口罩的防护效率就像

ASTM F2100测试中，Level 1 等级口罩的防护能力最低，Level 3则为最高。检验标准如下：

	BFE	PFE	液体阻力 mm Hg	压力差 N	阻燃程度
Level 1	≥95%	≥95%	80	≤4.0	class 1
Level 2	≥98%	≥98%	120	<5.0	class 1
Level 3	≥98%	≥98%	160	<5.0	class 1

咱们这里举例说明的机枪武器一样，任何细微的区别都可能让它的防护等级发生天壤之别的变化。因此，在BFE和PFE两个防御系统下，又各划分出了三个级别：等级越高，防御系统越完善，同时，带来的呼吸困难副作用就越明显。言至此处，想到身在一线抗疫的白衣卫士们，需要长时间佩戴这种高压力口罩是多么不容易的一件事。

1.4.3　医用口罩的密封性能

面对虎视眈眈的未知病毒，除了关注口罩的过滤效果外，还有一个性能是绝不容忽视的，那就是口罩的密封性。试想，如果没有严丝合缝的密封性，即便号称能过滤掉99%的病毒、细菌，也终究只会是绣花枕头。

一次性使用医用口罩和医用外科口罩因其造型为长方形，佩戴时即便捏紧了鼻夹罩住佩戴者的口鼻、下颌，也不会存在严丝合缝的紧密贴合，所以密闭性能较差，不过相应地，

佩戴起来呼吸也会比较顺畅。而当升级到医用防护口罩级别后，口罩造型变成了拱形或折叠拱形结构，捏紧鼻夹后会较为紧密地贴合住面部，时间一长还会在脸上留下深深的压痕，自然密闭性能高了，随之带来的呼吸困难度也提升了。

1.4.4 医用口罩的阻燃能力

话说这小小的医用口罩，在面对病毒大军之际，对外能抵得住飞沫、气溶胶的冲击，对内能不受潮湿、过敏的干扰。不止如此，做成它的材料还得通过严格的阻燃能力测试。使用专业的口罩阻燃仪，测试医用口罩以一定线速度接触火焰后的燃烧性能，离开火焰后燃烧小于5秒的口罩才能位列朝班。因此，生产口罩的合格纺粘无纺布和熔喷无纺布都得是不易燃材料，这一点要求，只要是医用口罩就都得满足。

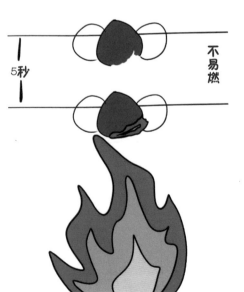

第2篇

生产篇

　　疫情全球蔓延，口罩供不应求。除了本身就术业有专攻的口罩生产厂火力全开地加大产量外，就连比亚迪、富士康、中国石油、中国石化也都相继办起了口罩厂。这不，各路车企也不甘落后，科技公司纷纷跟上，连造纸尿裤、搞建筑和搞能源管理的企业也都参与进来，开始跨界造口罩，可谓是八仙过海，各显神通。

　　话说回来，既然这么多企业跨界做起这小小口罩的买卖，可见它的生产线应该是好学、易懂、能复制的。所以进入本篇，咱们就从生产线的上、中、下游环节来好好起底一番口罩从无到有的全流程。

2.1 "起底"基础原料

前文已经了解到，正是因为一层经过驻极处理的熔喷无纺布，才使得这小小口罩具备了抵御病毒的技能。

先说无纺布。无纺布又称非织造布，由定向的或随机的纤维构成，因其具有布的外观和某些性能而被称为布。无纺布具有柔软、透气、强韧、耐用等特点，可以用来制作服装衬布、医疗卫生一次性手术衣、口罩、帽子、床单、酒店一次性台布乃至当今时尚的礼品袋、购物袋、广告袋等。根据材料及生产工艺不同，无纺布可分为不同种类。

无纺布

按照生产工艺 →
水刺无纺布　针刺无纺布　**熔喷无纺布**
热合无纺布　**纺粘无纺布**　……

按照材料 →
丙纶无纺布　乙纶无纺布　**涤纶无纺布**
锦纶无纺布　黏胶纤维无纺布　……

医用口罩"心脏"

纺粘无纺布和熔喷无纺布是采用不同生产工艺的两种无纺布，是无纺布的两个子类。中国无纺布生产以纺粘工艺为主，据中国产品用纺织品行业协会统计数据显示，2018年中国纺粘无纺布产量为297.1万吨，占全球总产量的50.1%，因此作为口罩构成之一的纺粘无纺布在疫情期间的供应相对充足。然而，熔喷无纺布生产企业不多，相应地，熔喷无纺布产量也较低：2018年全国产量只有5.35万吨，按照300天开工日计算，日产量为180吨。在疫情爆发前，熔喷无纺布生产线一直与市场需求量配合得很好，但由于突发的疫情，使得熔喷无纺布的生产脚步无法跟上口罩需求量的腾飞速度，于是"一罩难求"的困顿局面就此诞生。熔喷无纺布，则因为供给的稀缺成为口罩制造商们的扼腕之痛。

2.1.1 为什么是聚丙烯

要解决熔喷无纺布的供给，咱们就得从根源上了解这隔离飞沫、颗粒物、酸雾、微生物的利器从何而来。这利器的源头不是什么神秘物体，而是和石油行业息息相关的产物——聚丙烯熔喷专用料，也就是聚丙烯大家族的一员。因此，首先必须得搞明白这基础原料——聚丙烯。

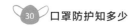

聚丙烯能做什么？

咖啡壶等加热电器外壳

汽车零部件
（高抗冲、高刚性、
高流动性、低气味）

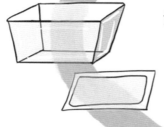

透明食品包装盒
（低析出）

为什么是聚丙烯呢？决定是否可以作为熔喷无纺布的原料，最主要取决于熔融指数。其实，除了聚丙烯外，高熔融指数的聚酰胺6（PA6）、聚乙烯（PE）、聚对苯二甲酸乙二醇酯（PET）等也可以用来生产熔喷无纺布。但是，本着花小钱、办大事的原则，在综合考虑工艺、技术、产能、成本等各方面因素后，选定了性价比最高的聚丙烯。

2.1.2 聚丙烯从哪里来？

要说这聚丙烯从何而来？只能说，它的源头那是相当"黑"。黑在哪？黑在它就孕育自关系民生大计的石油和煤炭里。

石油从业者都知道，石油化工可以把原油转化为汽煤柴油和烯烃。此处需要请出化学课代表，为咱们从源头剖析一下聚丙烯从何而来。

石油路线

石油

⬇

常减压蒸馏装置

（常压蒸馏 🔺 🧪 减压蒸馏）

⬇

二次加工装置

乙烯裂解装置

⬇

乙烯 ＋ 丙烯
C_2H_4 　　 C_3H_6

↙ 　　　　 ↘

环氧乙烷 　　 高熔融指数聚丙烯纤维料
C_2H_4O

⬇ 　　　　 ⬇

消毒用品 　　 熔喷料

⬇

熔喷无纺布

⬇

口罩厂

　　由于国际原油价格跌宕起伏，波动较大，在高油价时代，石油制聚丙烯利润较低；而煤炭价格较为稳定，煤制聚丙烯成本浮动小，利润空间大。因此相比于石油，煤炭在中国煤化工的地位也愈发重要，当然，原油价格也有降的时候，所以性价比同样是相对的。

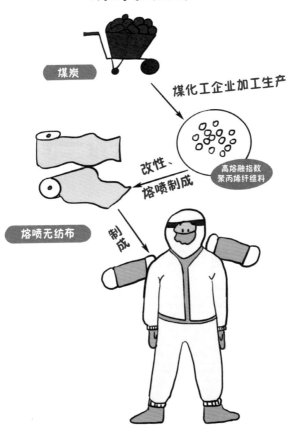

煤炭路线

煤炭

煤化工企业加工生产

高熔融指数
聚丙烯纤维料

改性、熔喷制成

熔喷无纺布

制成

通常聚丙烯要经过有机过氧化物产品改造才能逐渐进化为聚丙烯熔喷无纺布专用料。有机过氧化物产品广泛用于高分子材料的生产制造，可用作聚苯乙烯、发泡级聚苯乙烯、ABS、聚丙烯酸类、丁苯橡胶的聚合引发剂，以及不饱和聚酯、交联聚乙烯、乙丙橡胶、热硫化硅橡胶的交联剂和聚丙烯纤维（丙纶）的降解剂等。

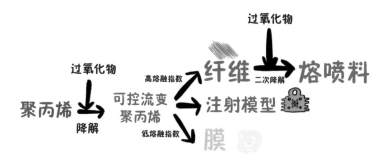

过氧化物在改性聚丙烯领域的应用

2.1.3 小颗粒有大用途

在化工厂内经历了"三昧真火"的一番"历炼"后，聚丙烯（PP）颗粒终于结晶成型。你或许不知道它长什么样子，但只要知道它小颗粒有大用途就足矣。事实上，这小小聚丙烯颗粒其实广泛存在于我们的生活当中：我们日常使用的塑料餐具，基本都由聚丙烯制成。此外，它还被广泛用于包装、纤维、汽车、家电等领域，近几年在医疗领域也有较普遍的应用。这材料并不算昂贵，从那些聚丙烯制成的塑料餐具就可见一斑。

既然聚丙烯应用如此广泛，想来我泱泱中华作为制造业大国，肯定这材料的产能也是杠杠过硬。当然，事实也是如此：我国聚丙烯产能主要分布在华东、西北、华北和东北地区。中国石化聚丙烯产能主要集中在华东地区，中国石油聚丙烯产能则主要集中在东北和西北地区。

本着总览全局、目光长远的态度来看，中国石化、中国石油和国家能源集团是目前国内聚丙烯最主要的生产企业。当然，红口白牙地口说无凭，自然得奉上一组数据让大家心悦诚服：2019年，中国聚丙烯产能约2703万吨/年，产量约2320万吨，约占全球的30%。其中，可用于口罩熔喷无纺布生产的高熔融指数纤维料产量占总量的4.1%，为95万吨。而生产1吨熔喷无纺布约需要1.32吨聚丙烯熔喷料，可生产一次性使用医用口罩90万～100万只，生产N95医用防护口罩20万～25万只。

| 1.32吨 | 1吨 | 90万～100万只 | 20万～25万只 |
| 聚丙烯熔喷料 | 熔喷无纺布 | 一次性使用医用口罩 | N95医用防护口罩 |

如此看来，能广泛造福医疗卫生行业的基础材料聚丙烯真的是至关重要。

2.2　聚丙烯"进化"成熔喷无纺布

聚丙烯家族能人众多，有用于生产汽车内件、塑料玩具的"M兄弟"（PPH-M012、PPH-M045……），也有编织袋、地毯背衬的前世"老T"（PPH-T03……），而专门用于制作口罩的原材料——无纺布本布是小Y（PPH-Y40……），当然鼻梁条有些也是由聚丙烯制作而成的，它们可是在本次疫情中保护白衣战士和人民群众的中坚力量，是保障当前日产上亿只口罩的坚强后盾。

2.2.1　无纺布小Y的身世之谜

那么小Y来自哪里呢？它们的"妈妈"肯定是聚丙烯装置无疑，每天小Y们源源不断地出生，有一群可爱的一线工作者，就是为了给小Y们"接生"的石化"医生"或者说是接生"医生"，他们可是为了确保小Y们健康出生一直在忙碌着……其实小Y们在出生前有另外一个名字——丙烯。"医生"们夜以继日检查、调整参数，尽

小Y的身世

可能创造最好的条件，保证小Y们完美地聚合。丙烯从进料线进入聚丙烯生产装置，进入主反应器前，会与催化剂系统的兄弟在预反应器进行一次"深度融合"，以此来激发小Y巨大的潜力，伴随着催化剂兄弟一同进入高30余米的两个环管反应器。在这里，它们放出大量的热，经过强大的聚合反应后有了新的身份——聚丙烯。最后呢，通过一个叫作"挤出机"的设备，熔融、混炼、切粒，一颗颗晶莹剔透的粒子——小Y就顺利产出咯！

当然，巡检人员每天都会按时为刚出生的小Y们"体检"，确保各项指标合格。

小Y和伙伴们先经过改性成为聚丙烯熔喷专用料，再变身为熔喷无纺布，最后陆续到达口罩生产厂家，实现了胜利会师，下一步就是化身为口罩保护大家。

2.2.2 熔喷无纺布的成型之谜

熔喷无纺布是什么？顾名思义，以聚丙烯为主要原料的熔喷无纺布是"喷"出来的。

当然，这里的"喷"肯定不是简单的喷壶式操作，而是相当有技术含量的一波操作：采用高速热空气流对模头喷丝孔挤出的聚合物熔体细流进行牵伸，由此形成超细纤维并收集在凝网帘或滚筒上，同时自身黏合而成。事实上，除了口罩材料外，熔喷无纺布还可用于空气、液体过滤材料、隔离材料、吸音材料、保暖材料、吸油材料及擦拭布等领域。

熔喷无纺布生产流程：

聚丙烯专用树脂

发往改性塑料厂

生产熔喷无纺布专用料

发往熔喷无纺布厂

制成熔喷无纺布

发往口罩厂

制作口罩

2.2.3　熔喷无纺布的稀缺之谜

聚丙烯的产量上来了，并不代表熔喷无纺布的产量也会顺理成章地增加。所谓熔喷无纺布涨价，其实是供需关系、产量瓶颈带来的客观结果，是难以避免的市场规律。

因此，提升熔喷无纺布产量成了头等大事。而为了解决这一头等大事，国家一声令下，企业中的骨干栋梁——大型央企们责无旁贷地"该出手时就出手"了。

为什么要由央企来解决熔喷无纺布的短缺？原因很简单：一个字——贵。有业内人士介绍，与口罩生产线相比，熔喷无纺布生产线的设备投资成本高、周期长且国内可以提供成套生产设备和关键零部件的厂家少，进口全套生产线从买进、安装、调试、技术人员培训最快大约需要3个月光景。可能投资建成后，疫情退去，口罩需求量骤减，这些投资就会成为失败的案例，因此，企业很难有投资意愿。随着全国大批口罩生产线复工和新建口罩生产线的上马，熔喷无纺布等原料成为口罩生产线按期投产的瓶颈。这时，国之栋梁的央企中国石油、中国石化等挺身而出："我们来！"

接下来，看看中国石油旗下的企业们是如何分工协作、撸起袖子生产熔喷无纺布的。

中国石油石油化工研究院开启急速生产模式，根据中国石油天然气集团有限公司部署，迅速搞定生产所需的人力、物力、财力，仅用8天就攻克了相关技术难题，以最快的速度、超常规的手段完成熔喷料、熔喷无纺布研发生产任务。

2020年2月28日，石油化工研究院兰州中心聚丙烯熔喷专用料生产线一次开车成功，产出合格产品，标志着中国石油自主聚丙烯熔喷专用料开发成功。

为保障口罩原材料的充足供应，从2020年1月下旬起，中国石油旗下包括大连石化、兰州石化、独山子石化、大连西太平洋石化、宁夏石化、呼和浩特石化、抚顺石化等多家炼化企业陆续保持高负荷稳定运行，全力确保高熔融指数聚丙烯纤维专用料的生产。

此外，中国石油迅速抢建熔喷无纺布生产线。4月15日，甘肃省首条熔喷无纺布生产线在兰州石化建成，生产线设计产能为500吨/年，产品顺利下线，形成了从聚丙烯医用料生产、熔喷料生产、熔喷无纺布生产再到多条口罩生产线的"一条龙"产业链条。4月16日，辽阳石化新建熔喷无纺布生产线打通全流程，产出合格熔喷无纺布产品，实现一次开车成功，设计产能为1000吨/年；继4月16日第一条熔喷无纺布生产线开车并生产出合格KN95口罩原料后，辽阳石化迅速总结经验，马不停蹄，昼夜奋战，仅用3天时间，于4月19日安全优质高效打通第二条生产线全流程。至此，辽阳石化两条新建熔喷无纺布生产线全部投入生产。

　　中国石化也开足了马力，旗下的燕山石化则是扛起了建设口罩厂中的"火神山"这一几乎难以完成的使命。600名参建人员以车轮战术马不停蹄地赶工加班，竟真的在半个月内建成了一座口罩厂。

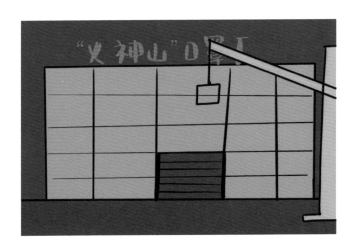

3月6日23点59分56秒，通过直播，我们见证了燕山石化熔喷无纺布生产装置成功建成投产。每天可生产4吨N95熔喷无纺布或6吨医用平面口罩熔喷无纺布。这些原料可以生产120万只N95口罩，或者600万只医用平面口罩。生产线的完成，比计划时间提前了48小时。这宝贵的48小时，意味着可以多生产出1200万只医用平面口罩的原料。

做个简单的数学加和——仅中国石油、中国石化、国机集团三家企业，在目前规划内形成的熔喷无纺布新增产能，就达到了1.52万吨/年，是2018年全国产量5.35万吨的30%。粗略计算，这样的产能足够每天生产5000万只一次性使用医用口罩。

随着国企熔喷无纺布生产线陆续投入运行，熔喷无纺布供应逐步稳定。加上国家监管体系的给力助攻，熔喷无纺布行业内的物价哄抬现象得到了有效管制，如今这一市场也已呈现出一片趋稳向好的态势。

2.3　鼻梁条挺起口罩"脊梁"

除了口罩核心材料熔喷无纺布需求量猛增外，鼻梁条、耳带作为口罩的配件，其需求量也随之水涨船高，因此很多企业都改变了生产方式，快速转产只为扩大口罩的产量。近期，随着国外疫情的态势越来越严峻，口罩鼻梁条也出现了供不应求的现象，许多相关产业制造商随之转改为生产鼻梁条。

我的特点是
"能曲能伸"

鼻梁条被称为口罩的"脊梁"。作为关系到口罩密封性能的重要部件，鼻梁条的结构必须"能曲能伸""收放自如"：受外力变形，不受外力不出现回弹，保持现有形状不变。

2.3.1　鼻梁条是什么?

口罩上肩负着密封功效的重要部件——鼻梁条，有些也是由聚丙烯制作而成的。目前，一些改性材料的生产厂家开始自行生产鼻梁条。因此，接下来有必要科普下这小小鼻梁条材质的分类。

（1）金属铝片。

由金属铝板制成。用这种材料制成的鼻梁条具有良好的弯曲效果，但使用后不易将其与废弃的口罩分离回收。

（2）聚烯烃聚合物涂层镀锌细铁丝。

在直径为0.45～0.55毫米的镀锌细铁丝上涂覆一层聚烯烃聚合物材料。制造原理与电线电缆加工相同。据了解，目前这类口罩材料的紧缺主要集中在镀锌退火细铁丝上，而鼻梁条对铁丝的软硬度要求较高。

（3）塑料鼻梁条。

从回收利用和环境保护的角度来看，金属丝和塑料制成的鼻梁条很难分离。因此，一些制造商已经开发出一种由全塑料制成的鼻梁条。这种全塑料鼻梁条具有金属丝的特性。它在外力作用下弯曲变

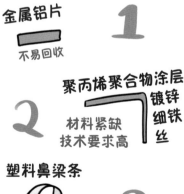

金属铝片
不易回收
1

聚丙烯聚合物涂层镀锌细铁丝
材料紧缺技术要求高
2

塑料鼻梁条
成本较高
3

形，失去外力后不能反弹，保持原有弯曲形状不变。但现阶段生产能力较低，成本比合成材料要高很多。

2.3.2　鼻梁条是怎么制作出来的？

上述聚烯烃涂层铁芯鼻梁条和全塑料鼻梁条可与口罩相融，加工工艺与电线电缆的制造原理相同。改性后的聚乙烯、聚丙烯颗粒等材料经烘干机干燥后，经挤出机挤出，然后拉伸、冷却成型，再由牵引机送至圆盘，最后进行卷装。

鼻梁条的牵引拉伸

目前，鼻梁条生产的三大难点是原料、生产工艺和卷盘包装。受疫情影响，为缓解物资短缺，多家电线电缆生产企业纷纷转产口罩、鼻梁条，3天左右即可改造完毕，甚至一些设备制造商也开始自行制作鼻梁条。

随着鼻梁条生产厂家的增加，材料设备的投资也相应增加。从成本和加工效率来看，合成材料方案中的鼻梁条数量短期内较大。但是，从环保和材料回收的角度来看，全塑料鼻梁条在未来的市场中将有更大的潜力。

2.3.3 鼻梁条塑料材料如何选择？

对于铁芯鼻梁条和全塑料鼻梁条，塑料材料是不可缺少的。目前常用的塑料材料有聚乙烯、聚丙烯等，这些材料的特性相似。从韧性和延伸性的比较来看，聚乙烯优于聚丙烯。鼻梁条的生产工艺为挤压和挤出，为了稳定产品尺寸，防止回弹但不降低其韧性，一些材料制造商会在聚乙烯和聚丙烯中添加一些填料母粒。总之，优异的鼻梁条塑性材料应具有如下特点：收缩率低，尺寸稳定性好，弹性小，硬度好，优异的拉伸强度，良好的冲击强度，良好的耐温性，中等流量，挤出性能好。

2.4　另一场重要战役——口罩机

原料充足、配件齐全，终于进入了生产环节。

如何生产口罩？当然要有口罩机了。首先明确一个概念：口罩机不是一台单独的机器，而是需要多台机器配合完成各种不同工序的口罩生产线。口罩的生产工艺也并不简单，包括原料叠合、卷边、缝合鼻夹、折叠结构、压边、裁断缝边、补边、热固定耳绳、杀菌消毒等多道工序。尤其是最后的消毒标准流程，需要耗费7天到半个月之久，这也是为什么明明0.5秒就可以造一只口罩，到真正上市买卖的时间大家都觉得好久。

2.4.1　口罩机为何稀缺？

读到这里，大家有没有发现，但凡和口罩扯上关系的物件，在疫情的非常时期都变成了供不应求的稀缺产品。那么，制造口罩机这冷冰冰的机械又有什么困难的呢？

首先，口罩机所需零部件供应链不顺畅。一台口罩机涉及1000多个零部件、配料，大部分需要再加工。其中，最稀缺的是一个核心部件——超声波焊机。在最开始，上游零配件生产企业尚未全面复工，如何找到所需要的全部货源，是令口罩机生产企业最头疼的事，只能大面积撒网。因此，产能不足的矛盾还是比较突出，许多口罩机订单的交付出现了延期。

其次，生产技术和质量把控的难度。口罩机迟迟无法交付，交付了也可能达不到生产标准。很多企业紧急转产口罩机，但毕竟是"外行"，需要花费更多的工时。技术不到位，也导致买回来才发现，部分口罩机的参数、性能不达标。

2.4.2 如何应对口罩机的稀缺？

非常时期，用非常手段。"有条件要上，没有条件创造条件也要上。"中国石油大庆油田为了生产口罩，甚至用上了缝纫机，人机并用地火力全开，目的就是迅速形成口罩生产能力。

但是，缝纫机毕竟只能应个急。工欲善其事，必先利其器——"口罩生产快，全靠机器带"。要让更多的企业拥

大庆油田发扬"缝补厂精神"

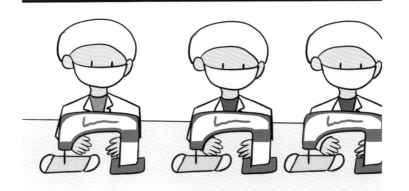

有口罩生产能力，大幅提升口罩产能，还是必须直面口罩机的设备短缺问题。

2020年2月11日，国务院国资委召开专题视频会进行紧急部署，确定了航空工业集团、中国船舶集团、兵器工业集团、中国电子、国机集团和通用技术集团6家央企开展口罩机、压条机等联合研制攻关。

说得好不如干得快，这不，央企们的研发生产速度跟开了高铁一般，惊呆了国际友人们：

航空工业集团16天即研制出首台口罩机基本型样机，全自动口罩机达到100片/分的设计指标。

中国船舶集团仅用11天时间完成了压条机、N95口罩机、平面口罩机样机研制，第15天就实现了量产设备连续供货。

兵器工业集团1500余名员工昼夜奋战，于2月27日完成首台口罩机研制，并已批量生产交付。

国机集团用9天时间研制并迅速建立量产，完成首台全自动平面口罩机样机能力。此外，国机集团还牵头制定并发布《全自动口罩机》团体标准，将科研成果及技术经验标准化，促进行业规范发展。

通用技术集团全自动平面口罩机完成样机装配，立体口罩机也即将下线。

中国电子向中国石油和中国石化分别供应两条全自动口罩生产线，并搭建了口罩产品标识解析平台，可追溯口罩产线、产品、生产批次、质检结果及生产日期等全部生产数据。

截至3月7日，6家央企累计制造完成平面口罩机153台、立体口罩机18台，并公布了销售联系方式，接受预订。

进入3月，中国石油加快了口罩生产步伐。截至4月1日，中国石油旗下4家企业自建全自动口罩生产线，累计生产口罩超过了1000万只。大庆油田4条一次性使用医用口罩生产线、1条N95医用防护口罩生产线全部投产；兰州石化4条一次性使用医用口罩生产线、1条N95医用防护口罩生产线全部投产；大庆石化3条一次性使用医用口罩生产线、1条N95医用防护口罩生产线全部投产；抚顺石化5条一次性使用医用口罩生产线、1条N95医用防护口罩生产线全部投

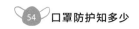

产，另1条N95医用防护口罩生产线正在紧锣密鼓地筹备之中……这20余条生产线全部投产后，中国石油就有了日产口罩150万只的生产能力了。

这里以大庆石化为例，来见识一下中国石油作为大型央企是如何有责任、有担当的：

自2月4日成立一次性使用医用口罩生产线项目专班以来，大庆石化仿佛踩上了风火轮一般，以迅雷不及掩耳之势搞定了设计施工、物资采购、人员培训、生产准备、安装调试、资质审批等一系列实际问题，不仅建立起合规合标的口罩生产线，更是以石油企业的"客串"身份，一跃成为大庆市首家一次性使用医用口罩生产获证企业。

当然，作为央企，做起口罩的大庆石化自然是将质量保障摆在了首位：原材料方面，严格按照YY/T 0969—2013《一次性使用医用口罩》及以上标准采购原材料；供应商方面，严格审查必备资质，包括企业营业执照、生产许可证等合法的生产经营证明文件，以及是否通过了ISO 9001、CE、ISO 13485等认证，并对入厂产品进行100%检验；生产操作方面，对员工进行全面的岗前培训，但凡是上了生产线的员工，就都得是熟练掌握10万级无菌车间管理要求和《一次性使用医用口罩/医用外科口罩生产操作规程》的业界精英；细节把控方面，从折耳带到封箱包装，全环节均是经过严密核查，务必做到再三确认方可迈出工厂。有了高质量产品后，再配合专业的市场调研和销售模式，老牌央企开辟出一条既满足内需、又供给社会的产销结合经营之路，顺利实现了社会效益与经济效益的"双赢"!

我为祖国献口罩

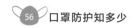
2.4.3　必不可少的消毒环节

　　口罩机流水线上完成的产物，如果只是作为一枚普通口罩，至此就算大功告成了。但在此次疫情中救民于水火的是医用口罩，因此，普通口罩为了变身成为合格的医用口罩，自然不可或缺的环节就是消毒了。

　　医用口罩采用的是环氧乙烷（EO）消毒，即把口罩放在400毫克/升的环氧乙烷环境中，利用烷基化作用于羟基，使微生物大分子失去活性，达到杀菌目的。

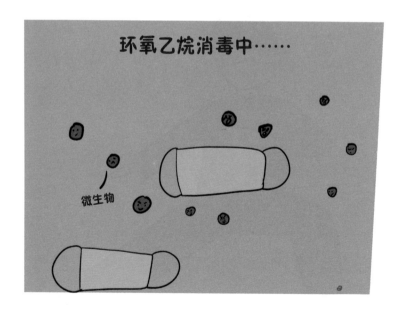

但是需要格外注意的是，环氧乙烷是一种危险化学品，不但易燃易爆，对人体还有毒，所以这一"以毒攻毒"的过程操作完毕后，口罩还需要静置7～14日用于解析，在环氧乙烷残留量低于要求值之后才能包装出厂，供给医护人员使用。一句话，"以毒攻毒"的禁闭时间要以7～14日为限。而这也正好完美解释了为什么生产医用口罩的厂商需要具备"医疗器械经营企业许可证"了：剧毒危险化学品环氧乙烷都用上了，自然得经过合法审批呀。此处需要记住的就是医疗器械环氧乙烷灭菌过程的标准啦：国家标准GB 18279.1—2015，国际标准ISO 11135：2014（嫌数字冗长记不住的话，可以去质量技术监督局的网站上随用随查）。同理，但凡是不耐受高温消毒且用于医疗卫生的物件，大多是采用环氧乙烷（EO）消毒，比如医用绷带、缝线、手术器械等。

除此之外，随着科技的蓬勃发展，现在一些高档医用防护口罩的消毒环节会选用更为成熟的辐射消毒，经过辐射消毒后的口罩会更安全，且射线穿透力强，消毒均匀彻底，无任何有害残留物，果然是"一分钱、一分货"的硬道理。

因此，坊间流传的用紫外线杀毒、干蒸湿蒸、微波炉加热等稀奇古怪的方法，不仅是徒劳浪费时间，还会破坏口罩过滤层的静电和纤维结构，最后连35%的过滤性能都没有了，那效果等同于一块裸奔的无纺布。

第3篇

使用篇

　　洋洋洒洒用了两篇声情并茂的图文将口罩的前世今生、分门别类和从无到有的进程尽数展现，在搭建起理论框架后，接下来咱们开始使用篇，手把手学习如何好好使用口罩。

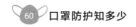

3.1 医用口罩的使用原则

同前文一样，为咱们实战提供演示的仍然是此次抗疫的功臣、咱们熟悉的老面孔——医用口罩。

这里首先解答一个问题：为什么只是简单地佩戴口罩就可以成为预防新型冠状病毒的有效措施呢？对已感染人群来说，戴上口罩是道德感和责任感的表现，因为这层隔离能够有效地将自己因为发烧、流鼻涕、咳嗽或打喷嚏造成的飞沫传播途径切断，保护他人免受感染；对健康人群而言，戴上口罩是对自己负责和珍重的表现，特别是医护人员，因为要照顾随时可能成为传染源的病患，所以必须全副武装让病毒无从入侵。

其次，咱们再解答一下为什么应对新型冠状病毒只有医用级别的口罩方可奏效？个中缘由，说白了就是没有熔喷无纺布的普通口罩在飞沫和气溶胶面前等同于裸奔，是抵挡不住病毒的诱惑滴！

有了以上两个问题的答案，我们自然也就明白了戴口罩和戴对口罩的至关重要之处。在医用口罩的使用过程中，请大家一定记住一个原则：既不盲目使用，也勿过度防护。究其原因嘛，还得接着往下读。

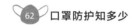

3.2 疫情期间不同类别人群 使用的不同口罩类型

　　市面上的口罩种类五花八门，疫情一经爆发，各类口罩几乎一夜之间被一扫而空。可是，关于口罩的佩戴，咱们的选择是否正确呢？这一部分还请各位看官仔细区分，毕竟针对不同人群有的放矢才是好钢用在刀刃上的表现，否则买个菜的光景浪费一只N95口罩那可真是大材小用了。

　　由于不同类别人群所处的环境风险级别不同，根据国家卫健委发布的《公众科学戴口罩索引》，将人群划分为普通公众、特定场所人员、重点人员和职业暴露人员四类。接下来，就逐一看看不同人群在不同环境下佩戴口罩到底有何讲究。

3.2.1　普通公众

（1）居家、户外，无人员聚集、通风良好。

防护建议：不戴口罩。

（2）处于人员密集场所，如办公、购物、餐厅、会议室、车间等；或乘坐厢式电梯、公共交通工具等。

防护建议：在中、低风险地区，应随身备用口罩（一次性使用医用口罩或医用外科口罩），在与其他人近距离接触（小于等于1米）时戴口罩。在高风险地区，戴一次性使用医用口罩。

（3）对于咳嗽或打喷嚏等感冒症状者。

防护建议：戴一次性使用医用口罩或医用外科口罩。

阿嚏

（4）对于与居家隔离、出院康复人员共同生活的人员。

防护建议：戴一次性使用医用口罩或医用外科口罩。

居家隔离

3.2.2 特定场所人员

（1）处于人员密集的医院、汽车站、火车站、地铁站、机场、超市、餐馆、公共交通工具以及社区和单位进出口等场所。

防护建议：在中、低风险地区，工作人员戴一次性使

用医用口罩或医用外科口罩。在高风险地区，工作人员戴医用外科口罩或符合KN95/N95及以上级别的防护口罩。

（2）在监狱、养老院、福利院、精神卫生医疗机构，以及学校的教室、工地宿舍等人员密集场所。

防护建议：在中、低风险地区，日常应随身备用口罩（一次性使用医用口罩或医用外科口罩），在人员聚集或与其他人近距离接触（小于等于1米）时戴口罩。在高风险地区，工作人员戴医用外科口罩或符合KN95/N95及以上级别的防护口罩；其他人员戴一次性使用医用口罩。

3.2.3 重点人员

新型冠状病毒肺炎疑似病例、确诊病例和无症状感染者；新型冠状病毒肺炎密切接触者；入境人员(从入境开始到隔离结束)。

防护建议：戴医用外科口罩或无呼气阀符合KN95/N95及以上级别的防护口罩。

3.2.4 职业暴露人员

（1）普通门诊、病房等医务人员；低风险地区医疗机构急诊医务人员；从事疫情防控相关的行政管理人员、警察、保安、保洁等。

防护建议：戴医用外科口罩。

（2）在新型冠状病毒肺炎确诊病例、疑似病例患者的病房、ICU工作的人员；指定医疗机构发热门诊的医务人员；中、高风险地区医疗机构急诊科的医务人员；流行病学调查、实验室检测、环境消毒人员；转运确诊和疑似病例人员。

防护建议：戴医用防护口罩。

（3）从事呼吸道标本采集的操作人员；进行新型冠状病毒肺炎患者气管切开、气管插管、气管镜检查、吸痰、心肺复苏操作，或肺移植手术、病理解剖的工作人员。

防护建议：头罩式（或全面型）动力送风过滤式呼吸防护器，或半面型动力送风过滤式呼吸防护器加戴护目镜或全面屏；两种呼吸防护器均需选用P100防颗粒物过滤元件，过滤元件不可重复使用，防护器具消毒后使用。

3.3　雾霾天气口罩的选用

前事不忘，后事之师。话说回来，咱们可不能因为一场突袭的疫情就忘却了尚未复原的伤疤——对，就是那个叫作雾霾的可恶家伙。

要知道，雾霾天最大的危害可不仅仅是PM$_{2.5}$颗粒本身，而是这些颗粒上可能会附着的各类病毒，如H7N9等，所以这种天气下出门，请一定记得佩戴好防护型口罩。依据雾霾程度的轻重缓急，从轻度到重度咱们可选择的口罩依次为纱布口罩、医用外科口罩、活性炭口罩和医用防护口罩，不过倘若窗外已然是昏昏沉沉一片雾里霾里都看不到花的态势，最稳妥的方法还是沿袭疫情防控时期的优良作风——家里好好蹲，毕竟还没到夸张地套上个防毒面罩出门的境地。

既然此处说到了防毒面罩，顺便就跟各位科普一个口罩界的高科技产物——电动口罩。电动口罩在市场上火起来也是拜雾霾所赐，毕竟长时间佩戴防护型口罩给呼吸带来的困难是人人感同身受的。电动口罩全称"电动送风口

罩"，也被唤作"新风口罩"，它的工作原理有些像家里的
空气净化器，通过静电棉或更高级的HEPA（就是家中空气
净化器使用的滤芯）过滤掉有害的$PM_{2.5}$颗粒。要说它的过
滤效果也是相当给力，居然可以达到近乎完美的99.97%，同
时，也是基于它超强的过滤功效，对于新型冠状病毒也同
样具备抵御能力。不过，人无完人、罩无完罩，如此能力
超群的电动口罩也仍然有不尽如人意的地方——那就是，
这通了电的玩意可真是奢侈品呀，怎一个"贵"字了得。

3.4　不同类型口罩的正确佩戴和摘取方式

了解过口罩因地制宜的重要性后，接下来的知识点也是值得咱们搬好小板凳认真听讲的干货之精华。诚如之前介绍口罩密封性能时提及的一样，如果没有正确的佩戴和摘取方式，即便戴了防护等级再强的口罩，那效果也同裸奔一个样。

鉴于一次性使用医用口罩和医用外科口罩的身型相似，继续秉承不铺张、不浪费的中华民族传统美德，这里就以医用外科口罩作为长方形口罩的代表，医用防护口罩作为拱形口罩的代表，手把手教授如何正确佩戴这两款口罩，当然，所有新口罩佩戴前请自觉洗干净两只小手。

3.4.1 医用外科口罩的佩戴和摘取方式

佩戴医用外科口罩的步骤

1、检查有效日期和外包装。

2、鼻夹朝上，一般深色面朝外或褶皱朝下。

3、上下拉开褶皱，使口罩覆盖口、鼻、下颌。

4、双手指尖向内触压鼻夹，逐渐向外移。

5、适当调整口罩，使周边充分贴合面部。

摘取医用外科口罩的步骤

1、将挂在耳朵上的绳子从一侧拿下来。

2、顺势从一侧掀到另一侧，手只握住一个角。

3、手不要碰到口罩外侧的表面。

4、口罩污染或使用超过4小时后更换。

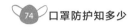
3.4.2 医用防护口罩的佩戴和摘取方式

佩戴医用防护口罩的步骤

1、检查有效日期和外包装。

2、手持口罩扣于面部，凸面朝外，鼻夹侧朝上。

3、先套下系带，再套上系带。

4、双手指尖向内触压鼻夹，逐渐向外移。

5、调整鼻夹及系带，直至吹/吸均不漏气。

摘取医用防护口罩的步骤

1、不要触及口罩，用手慢慢地将颈部的下系带从脑后拉过头顶。

2、拉上系带摘除口罩，不要触及口罩。

3、丢弃使用后的口罩，手保持卫生。

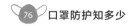
3.5　口罩的储存方式

　　话说有多少人知道口罩是有保质期的这一事实呢？文至此处咱们都已经熟知了口罩的重要性，既然这小物件如此举足轻重，自然它的储存条件也有必要做到略知一二。口罩有着防潮防湿的特性，而它自己本身也是喜干避湿、五行憎水。因此保险起见，哪怕是独立包装的新口罩，也请将它放置于干燥避光的室内，最好长眠在医疗箱内，直至无用武之地。

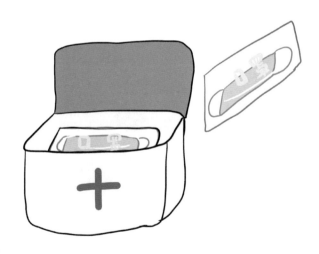

3.6　口罩用后的处理方式

这里要格外强调的是，用过的口罩可断然不是一般垃圾丢到垃圾桶便万事大吉的，为了避免二次污染，需要谨慎处理这并不一般的小小垃圾。同样地，针对不同风险人群使用的废弃口罩，丢弃前的处置过程也各有讲究，同时，丢弃口罩的过程也有一套规定动作：此时此刻请翘起傲娇的小兰花指，拎着口罩系带的一端，将废弃口罩送到它该去的地方。

3.6.1　低风险地区健康人群

身处低风险地区的健康人群，要将用后的口罩折叠扎紧，有条件的最好喷洒点消毒水，装袋后丢弃至指定的废弃口罩垃圾箱内。倘若周边没有专用的废弃口罩垃圾箱，记得在完成上述"扎紧—（消毒）—装袋"流程后，

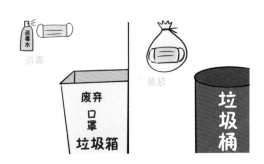

低风险地区健康人群口罩废弃

按照垃圾分类规则，将废弃口罩丢弃至生活垃圾区的不可回收垃圾箱内。

3.6.2 存在发热、咳嗽等症状的普通病患人群

存在发热、咳嗽等症状的普通病患人群以及接触过此类人群的人，首先要把口罩丢弃至垃圾袋中，同时将5%的84消毒液按1：99的比例调制好后喷洒于口罩表面——记住，这类人群的废弃口罩不能少了消毒环节！不过"不怕一万，就怕万一"，倘若手头就是没有消毒液可用，也请一定记得要将废弃口罩封存于密封的保鲜袋后再丢到废弃口罩指定垃圾箱内。

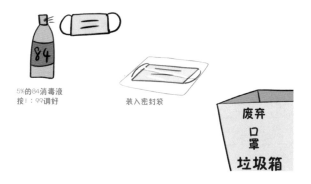

普通病患口罩废弃

5%的84消毒液
按1：99调好

装入密封袋

废弃
口罩
垃圾箱

3.6.3 高风险地区的疑似感染人群

如果是纳入了疑似新型冠状病毒感染的患者及其护理人员，请一定谨记，自己的废弃口罩不能随意处置，而是要在就诊或集中隔离时咨询医护人员，将用过的口罩作为医疗废弃物进行专业处置。

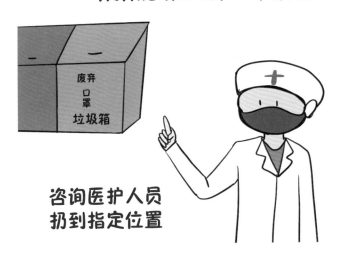

疑似感染人群口罩废弃

废弃口罩垃圾箱

咨询医护人员
扔到指定位置

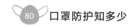
3.6.4 医疗机构的确诊患者

与第三类高风险人群一样，如果不幸成为确诊患者，用过的废弃口罩一定要丢弃在医院内写明"医疗废物回收点"的黄色垃圾箱内，切不可自己随意处置。

确诊患者口罩废弃

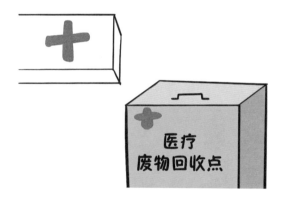

3.7　医用口罩的重复使用

口罩作为易耗品甚至是一次性用品，不建议重复使用。但是在"稀缺""限购""高价"等一系列字眼的加持下，我们也总得想些没办法的办法，有限条件下找最优了。以下总结了几种不得已情况下口罩可以重复使用的场景和方式，以解燃眉之急和不时之需。

3.7.1　人流稀少、风险较小地方的普罗大众

普罗大众在人流稀少、风险较小的地方使用一次性口罩，在保障口罩清洁、结构完整，尤其是内层不受污染的情况下，可以重复使用，每次使用之后都应该放在房间比较洁净、干燥通风的地方。

居家

3.7.2　人员密集公共场所的普罗大众

乘坐交通工具，出入人员密集的公共场所，包括进入商场、电梯、会议室，去普通医疗机构（除了发热门诊）就诊，可以佩戴普通医用口罩，即一次性使用医用口罩。在这种情况下，回家后将口罩置于洁净、干燥、通风的地方，也还可以重复使用。

3.7.3　人员密集场所的工作人员

对于在人员密集场所的工作人员，包括从事和疫情相关行业的人员、行政管理人员、警察、保安、快递人员等，建议佩戴医用外科口罩。这种情况下，可以根据实际情况适当延长口罩的使用时长。一般来说，如果口罩没有明显的脏污变形，可以不必每4小时一换，但是如果口罩出现脏污、变形、损坏、有异味时，一定要及时更换哦。

3.8　戴口罩过敏的应对策略

　　这一篇的最后，咱们还得说一个由于戴口罩而引发的尴尬现象——皮肤过敏。如今，佩戴口罩让化妆品行业一下丢失了不少生意。毕竟，一出门大半张面庞都遮在这无纺布下，所以，涂什么色号的口红、擦什么品牌的化妆品早就不再是女士们关心的话题了。可是，即便不用任何化妆品，还是有一群天生敏感的人抵挡不住这口罩长时间的遮面扑鼻，娇嫩的皮肤扛不住无纺布的长期摩擦，于是乎，红肿、发痒、刺痛等一系列症状相继而来。

　　撇去可能是佩戴了不符合要求的"三无"假冒伪劣口罩的缘由不说，造成过敏的原因：一是可能由于有人天生就对做口罩的无纺布过敏，长时间接触就会出现红斑、肿胀、丘疹，引起接触性皮炎；二是有些爱美的女士过度清洁面庞，皮肤少了油脂的天然保障，再加上佩戴口罩后面部长时间处于封闭、潮湿、温热的环境，自然过敏的症状便显现出来了。

　　可是疫情尚未退去，口罩还不能摘下，因此只能开动智慧，钻研些即时又有效的方法来缓解这口罩下的"难言之痛"。

3.8.1　彩妆可以不要，护肤不能省略

虽说佩戴上口罩后，姑娘们便可以偷懒不用一应俱全地化全妆了，但是起床睡前的护肤环节却是绝对不能省略的。眼看着从冬到春，天气日渐暖和起来，即便不戴口罩这也是皮肤过敏的高发季节。因此，精致的女孩们，请一定记得要用温和且有充足清洁力的洗面奶进行洁面哦！这里所说的温和且有充足清洁力的洗面奶，是指弱酸性或者中性的氨基酸洁面乳。清洁完毕后，还要记得仔细涂上含有神经酰胺、维生素E、透明质酸等保湿成分的保湿乳或者保湿面霜（皮肤干燥明显的需要选择保湿面霜）。

这一套流程一天做两三次足矣，可以有效起到保护皮肤的屏障作用，大大降低了出现湿疹、皮炎等皮肤病的概率。此外，如果真的是精致到戴口罩也要化妆的小姐姐，在完成上述步骤前，请一定记得要进行温和的卸妆，至于什么是温和的卸妆，估计得去求助你们关注的美妆博主啦！

3.8.2 护肤品不行，药用品顶上

护肤的环节不能省略，但并非所有皮肤敏感人群都能在护肤环节就抵御住过敏的症状。如果在佩戴口罩后发现面部，特别是口周区域，出现狂冒痘的情况，就需要求助一些药物来消除痘痘。比如异维A酸乳膏、夫西地酸、过氧

化苯甲酰凝胶等外用药膏，配合选用一些含有水杨酸、杏仁酸的护肤品辅助控制。当然，这个时候就一定不要再化妆了，同时也要做到忌高糖、忌油腻的"清新寡欲"。如果未见好转，情况再严重到出现红斑、水疱甚至出现皮肤破溃等症状，最好还是及时求助皮肤科医生为妙。

误区篇

　　行文来到第4篇。本着举一反三、加深了解的目的，这一篇咱们通过一些反面教学，来了解一下口罩在使用和购买过程中存在哪些误区。为了避免"踩雷"，还请大家认真记录这一篇内容的知识点。

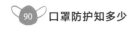
4.1 口罩的错误使用方法

上一篇咱们已经手把手地传授了不同类型口罩的正确佩戴法，但是本着反面教学更为记忆犹新的原则，接下来还要跟大家吐槽几款错误用法，来看看之前的你是否有中招。

4.1.1 边缘漏气

咱们已经一再强调过，戴上口罩后一定要记得把鼻夹捏紧，下巴包好。有一个非常容易的判断方法：如果戴着口罩和眼镜，呼一口气出来眼前便已一片仙雾腾腾的景象，不用想，那一定是佩戴错啦。

4.1.2　正反不分

拱形口罩因为独特的造型比较不容易出现里外不分的尴尬，但是长方形口罩却常常因为戴不对方向而闹出不少笑话。专业词汇咱们前文已经科普过，这里只需要记住一个原则便可保证不会再犯此类低级错误：深色面暴露在外抵御病毒，浅色面覆盖在内吸收湿气。倘若傻傻分不清楚，戴在脸上很快就会有一种湿气扑鼻的感觉——你的感觉没错，这样戴口罩就废了。

4.1.3　随意触摸

摘口罩的正确步骤前文已经言传身授，但是这里还得再三强调一番，摘掉口罩后的小手可千万别乱摸，特别是碰触到口罩的外侧还不立即去使用肥皂好好洗手，那效果就等于随手携带着潜在病毒，可怕指数不亚于李莫愁的"五毒神掌"。

不要用手接触口罩外侧

4.1.4　消毒不当

戴口罩的禁忌还有一条，就是千万不要画蛇添足。物资稀缺之际，循环利用的口罩需要格外注意卫生和消毒环节。直接晾在干净和通风的地方，或存放在清洁透气的纸袋里足矣，可千万别异想天开地用酒精或高温蒸煮来给口罩消毒，那样只会破坏口罩的结构，减弱它对病毒的抵御能力，戴在脸上其实和没戴效果一样。

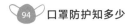
4.1.5　过度佩戴

　　前文已经详细分析过什么样的环境匹配什么样的口罩，所以口罩的佩戴断不可过犹不及，虽说现在疫情还没有结束，但在空旷广阔、空气清新的环境中，还是摘下口罩，解放一下嗅觉和味觉吧。

4.2 伪劣口罩的辨别

口罩变成了时令奢侈品，"没有最高，只有更高"的炒作价格一度让传统奢侈品眼红不已，当然，同时眼红的还有一波无良黑心商人。在这全世界联动开启口罩援赠互帮互助的命运共同体浪潮中，却偏偏有那么些人要昧着良心趁着国难发黑财。

虽说咱们不是监管部门，没有专业辨别真伪的能力和设备，但秉承"魔高一尺，道高一丈"避免被坑的原则，以被造假频次极高的某品牌口罩为例，来分享几个简单有效的小妙招。

（1）眼见为"实"。

首先，要用眼睛仔细看。看哪里？看标识，看印刷。正品的口罩标识字体间距比较靠近，字体由激光打印而成；而假货是采用造价较低的油墨印刷，很难做到油墨均匀的模样，墨点为圆形，看起来比较松散，并且用手抠抠，印刷的字体可能会被抠掉。

眼见为实

对于进口口罩，只要是正规渠道入境的，一定会有LA认证。何谓LA认证？这是特种劳动防护用品的安全标识，整体上是一个绿色的古代盾牌形状，盾牌中间有白色的"LA"字母。整个标识取自盾牌的防护之意，LA则代表了劳动安全。对于国产口罩，无论是用于出口还是内销，都一定会有QS认证和LA认证。这里的QS认证是对口罩质量的肯定，全称质量标准(Quality Standard)。而这些认证对小作坊搭炉灶的黑心商人来说是很难获得到的。

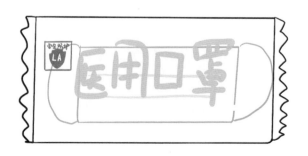

（2）鼻嗅为真。

检视过口罩表面后，接下来咱们再用鼻子仔细闻闻。作为佩戴在口鼻之处的医用卫生品，正品口罩必然得是没有任何异味的材质，甚至连制作口罩绳的橡胶带都无丝毫异味，当然，活性炭口罩有些许例外，因为会有淡淡的活性炭香味。相较正品而言，假货的成本很低，所以是无法做到没有任何异味的。

鼻嗅为真

（3）手验为妙。

除了望、闻这般传统的真伪辨别手段外，对于医用外科口罩的辨别，还得使用初中的物理知识。将口罩悬空置于碎纸屑上，如果是合格产品，就会产生"爱的吸引力"，将部分碎纸屑吸附起来。个中缘由，都是因为核心材料熔喷无纺布的静电吸附功能，而作为造假的低成本货，断然是舍不得银子购置这款核心材料的。

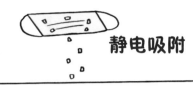

静电吸附

手验为妙

纸屑

当然，以上手段也都仅限于做初步的真伪鉴别，具体的质量和指标鉴别还需要求助专业机构的检测人员和设备。最后，如果不幸买到了假口罩，记得要第一时间拨打"12315"消费者权益热线，毕竟，口罩这样关乎民生大计的商品，揉不得一颗沙子！

结 语

　　这一场疫情，带给我们心痛，也带给我们感动，更带给我们思考。小小的一枚口罩，牵动了从重工产业到民生民计如此多的环节，牵动了从中国到全球每一个人的心。从冬到春，武汉大学的樱花盛开了，长江水边的薄冰消融了，覆在面上的口罩，我们也在静静期待它的"寿终正寝"。

建筑师女子图鉴

但行好事
莫问前程

一入"豪门"深似海，涉世容易，修行太难。

老八校常有，而媛媛不常有~

欢迎来到人间正道，欢迎来到没有硝烟的战场，在这里你将历尽沧桑。

建筑师都有两项似乎与生俱来的特长："熬夜"和"承受孤独".

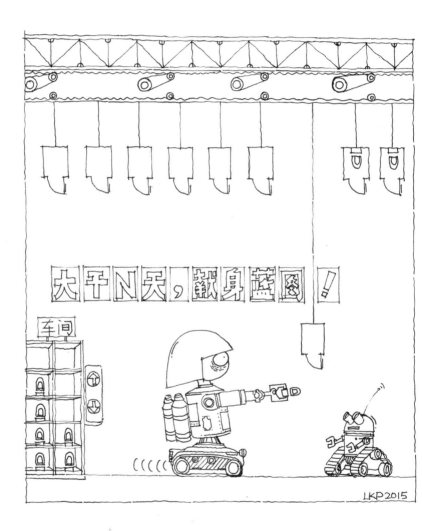

不到交图那一刻，总会有预想不到的事情发生，而团队协作的重要表现之一，就是坚守岗位，因为最清楚你那部分图纸的只有你自己。

永远记得，你可以不同意这个甲方的意见，但永远不要跟甲方对着干，要尊重他，并用自己的努力、能力和毅力，最终说服他。

这个世界推着你一直往前走，我们必须在任何诡异而神奇的处境中学会生存。

不要怕，不要慌，不要怨天尤人。当下，即是我
们修炼自己的最佳时机。

迂回、搁置、回避，智慧而有效地去解决双方的意见不统一或者争端，理智地面对分歧，是我们一直要修炼的个人素养。

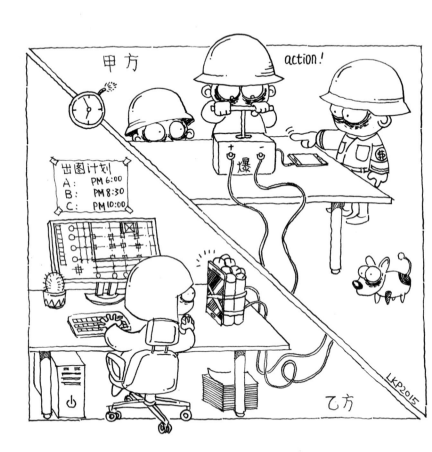

要做好长期的准备，每一次顾盼和留意，都可能成为我们的核心竞争力。

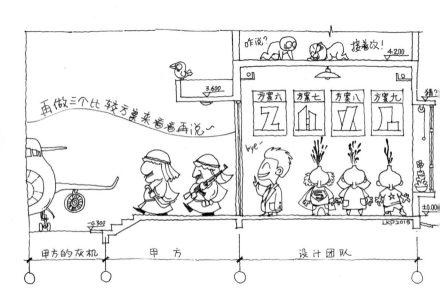

每遭遇一个甲方，要知己知彼。知道他们公司的过去。尽量了解他们公司现在，才可能有机会共同面对彼此的未来。

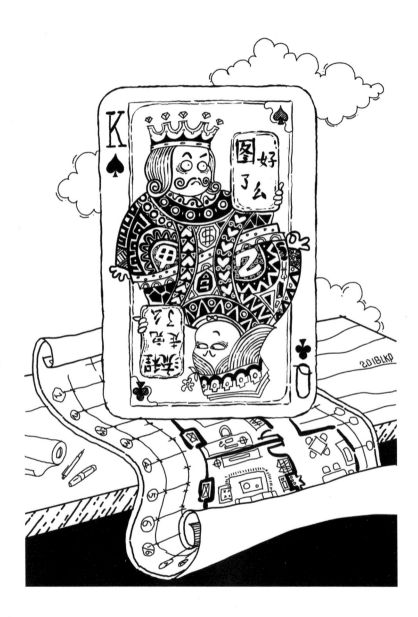

急甲方之所急，并为他解燃眉之急。作为乙方，要在最关键的时刻，出现在关键的位置上。

你用羡慕的眼光看着一个人时，你羡慕他的生活，你羡慕他的工作状态，羡慕他所有的一切，而他究竟孤独地战斗了多少个漫漫长夜，你是无从知晓的。

我们需要奓着一个理想，然后量化理想，再通过各种方法排除万难去实现理想．

擦拭汗水，望前方万里征途，漫漫长路，今宵多珍重。

后记：

　　能邀请到匠人无寓为我的两本书画插画，很荣幸，也很激动。他现在仍是一名工作在一线的建筑师，所以对我书中的许多文字感同身受，于是便有了这一张张令人会心一笑的墨线图。

　　插画中涉及人物众多，惟妙惟肖。我的甲方曾激动地拉着我说，搭飞机的那个土豪看起来好眼熟哦。

　　是啊，人生海海，山水有相逢。
　　少年不知愁滋味呀，醒来，大家都早已是画中人。

Miss 罗